BEI GRIN MACHT SICH IHR WISSEN BEZAHLT

- Wir veröffentlichen Ihre Hausarbeit,
  Bachelor- und Masterarbeit

- Ihr eigenes eBook und Buch -
  weltweit in allen wichtigen Shops

- Verdienen Sie an jedem Verkauf

Jetzt bei www.GRIN.com hochladen und kostenlos publizieren

Wolfgang Piersig

Erinnerungen an den 170. Geburtstag von Alexandre Gustave Eiffel und Bau des Eiffelturms vor 115 Jahren

GRIN Verlag

Bibliografische Information der Deutschen Nationalbibliothek:

Die Deutsche Bibliothek verzeichnet diese Publikation in der Deutschen National-
bibliografie; detaillierte bibliografische Daten sind im Internet über http://dnb.d-
nb.de/ abrufbar.

Impressum:

Copyright © 2004 GRIN Verlag GmbH
Druck und Bindung: Books on Demand GmbH, Norderstedt Germany
ISBN: 978-3-638-90513-8

GRIN - Your knowledge has value

Der GRIN Verlag publiziert seit 1998 wissenschaftliche Arbeiten von Studenten, Hochschullehrern und anderen Akademikern als eBook und gedrucktes Buch. Die Verlagswebsite www.grin.com ist die ideale Plattform zur Veröffentlichung von Hausarbeiten, Abschlussarbeiten, wissenschaftlichen Aufsätzen, Dissertationen und Fachbüchern.

Besuchen Sie uns im Internet:

http://www.grin.com/

http://www.facebook.com/grincom

http://www.twitter.com/grin_com

Erinnerungen an den 170. Geburtstag von Alexandre Gustave Eiffel und Bau des Eiffelturms vor 115 Jahren

Dr. Wolfgang Piersig

Allgemein gilt der Eiffelturm, eine vertikale Kragarmkonstruktion, sowohl in der Technik- sowie Baugeschichte wie auch in der gesamten Welt, als bemerkenswertes Wehrzeichen der Metropole Paris und als Symbol für Frankreich, aber auch dem revolutionierenden Einfluss des Eisens im zu Ende gehenden 19. Jahrhundert. Er ist mit seiner 115jährigen Geschichte kaum noch aus dem Pariser Stadtbild wegzudenken, denn er bereichert ästhetisch die Silhouette von Paris in alle Himmelsrichtungen. Dieses einst sehr verpönte Bauprojekt diente anfangs nur als Blickfang. Später wurde er durch seine Gegenständlichkeit nicht nur zum Besuchermagnet der vierten Pariser Weltausstellung 1889, sondern gilt bis heute noch als ein Muss bei einem Parisbesuch, um ihn in unterschiedlichster Weise zu sehen sowie kennen zu lernen.

Aus der langen Statistik über das „Tour Eiffel" kann geschlussfolgert werden, dass besonders der Eiffelturm bei den weitgereisten Touristen auf ihren Stadtzielen steht. Es sollen jährlich mehr als vier Millionen Touristen sein, die von ihm magisch angezogen werden. Im Jahr 2003 wird mit dem 200-Millionsten Besucher insgesamt für diese imposante Touristenattraktion gerechnet. Hingegen gehören aus Paris und dem Umfeld lediglich nur fünf Prozent zu seinen Gästen. Jetzt nennen ihn die Pariser liebevoll „Eiserne Dame". Bei der Anfahrt mit der Metro gelten die Stationen ``Ecole Militaire, Bir Hakain und Trocadero" als sehr günstig. für das Ziel „Eiffelturm". Zu Fuß gut zu erreichen ist er, wenn über die Brücke Pont d'' l''ena, nahe bei den Gärten des Trocadero, gegangen wird.

Das wohlfein gestaltete Eisengerüst des Pariser Eiffelturms, heute mit Antenne 320,8 Meter hoch, ist weltberühmt, millionenfach fotografiert und besucht. „Tour Eiffel" gilt auch als eine wichtige Etappe in der Geschichte der Architektur und Bautechnik, insbesondere des rund 5000jährigen Zeitraums der Gewinnung sowie Be- und Verarbeitung des Eisens, welches bereits zu den ersten der sieben Werkstoffe, die der Mensch in der Vorzeit nutzte, zählte. Wahrscheinlich besaß es da auch maßgebliche Bedeutung beim Bau der sieben Weltwunder der Antike.

Im letzten Drittel des 19. Jahrhunderts erweiterte sich die materielle Basis der Bauindustrie vor allem durch den Zustrom neuer Baumaterialien wie Guss-, Walz- und Profilstahl, schnellhärtende Zemente sowie Stahlbeton. Eine große Rolle spielte in dieser Zeit die Baumechanik, die zu einem bestimmenden Faktor des wissenschaftlich-technischen Fortschritts im Bauwesen wurde. Als Pionier auf diesem Gebiet entwickelte Alexandre Gustave Eiffel, der direkte Nachkomme der im 17. Jahrhunderts nach Marmagen (Eifel) eingewanderten deutschen Familie Leo Heinrich Bönickhausen, schrittweise einen neuen Typus der Eisenbahnbrücke, die Zweigelenkbogen Brücke aus Raumtragwerken in gewalztem Stahl. Als sich vor 300 Jahren der Name Eiffel tatsächlich mit „ff" geschrieben wurde, legten sich Eiffels Vorfahren diesen leichter auszusprechenden Namen zu.

Sein Name ist sowohl untrennbar mit dem Wahrzeichen von Paris, dem Eiffelturm, wie auch den wichtigsten Eisenbahnbrückenbauten sowie von Hallenbauten aus Eisen, Stahl und Glas, des späteren 19. Jahrhunderts verbunden. Da Eiffel zu den Ingenieuren gehörte, die die Eigenschaften, der ihm zur Verfügung stehenden Werkstoffe sehr gut kannte, konnte er sich dem Bau größerer, gewaltigerer, monumentalerer und faszinierenderer Bauwerke auf der Grundlage hochbelastbarer, leichtgewichtiger Konstruktionen aus kleinen, standardisierten Elementen zuwenden. Genau dies trifft auch für das von Alexandre Gustave Eiffel erbaute spektakuläre Eingangstor „Tour Eiffel" für die zur 100. Wiederkehr der französischen Revolution 1889 in Paris stattfindenden Weltausstellung zu.

Ein erster Entwurf von ihm stammt bereits aus dem Jahre 1884. Zur intensiven, zielgerichteten Konstruktion angeregt wurde er durch die französische Regierung. Denn sie nahm es zum Anlass zur Hundertjahrfeier der französischen Revolution einen jahrzehntelang gehegten Architektentraum wiederaufleben zu lassen, nämlich den Bau eines 1.000 Fuß hohen Turms zu verwirklichen. Noch 1881 schlug die Lobby der monolithischen Bauten einen gemauerten „Sonnenturm" vor, von dessen höchstem Punkt Paris nachts elektrisch beleuchtet werden sollte.

Durch Eiffels konsequente Nutzung der Vorteile des Stahls gegenüber dem damals nur zur Verfügung stehenden starren Gusseisens überzeugte er die den Stahl unterstützende Vertreter. Er kam auf der Grundlage zahlreicher Untersuchungen zu dem Schluss, dass das Parabelprofil am besten den statischen Anforderungen weit gespannter Brückenbögen und hochemporragender Gitterbauten entspricht. Eiffel, auch als „Magier des Eisens" bezeichnet, setzte Metall endgültig als architektonisches Gestaltungsmittel durch. So verfolgte er mit seinen kühnen Konstruktionen und mit seinen innovativen Techniken des Eisenbaus das Ziel, die Errichtung von Bauwerken aus Eisen, von denen die Menschheit vorher nur träumen konnte. Er selbst schrieb, dass er zu Ehren der modernen Wissenschaft, der französischen Industrie und seiner Nation einen Triumphbogen errichten wollte, der ein-drucksvoller sein sollte als jene, die von früheren Generationen zu Ehren ihrer Sieger errichtet wurden.

Mehr als Lesen von Literatur oder Surfen im Internet über Eiffel und sein technisches Bravourstück des 19. Jahrhunderts bringt eine direkte Tour nach der wahrscheinlich von den Galliern gegründeten Stadt Paris, die im Jahre 53 v. Chr. Cäsar unter dem Namen Lutetin erwähnte.

Nur so, den Eiffelturm direkt zu sehen, persönlich zu besteigen und sich gründlich vor Ort zu informieren, bringt dieses Wunder aus Stahl jedem Besucher wirklich nahe und macht die große Unbekannte Eiffelturm dem Laien, den Fachleuten wie auch allen Interessierten verstehbar. Bereits beim Anflug auf Paris wird deutlich, dass dieses bis 1930 größte Bauwerk der Welt, trotz dem 1931 in New York das Empire State Building mit 449 Metern Höhe entstand, nicht nur das Wahrzeichen der französischen Hauptstadt, sondern der modernen Welt blieb.

Vor 115 Jahren war es das umstrittenste Monument von Paris. Es erntete Spottnamen aller Art, wie „Kathedrale der Alteisenhändler", „zusammengenietetes rostiges Gebilde" beziehungsweise „tragische Laterne". Gegen den sogenannten „unnützen und ungeheuerlichen Eiffelturm" bzw. seine „Monstrosität" protestierten in einem verfassten Manifest, Charles Garnier, der Architekt der Oper, Zola, Verlaine, Maupassant, Dumas sowie viele andere berühmte Künstler und ein Großteil der Pariser Bürgerschaft.

Ihr Ziel war ein baldiger Abbruch dieser technischen Meisterleistung. Die Ästhetik der gitterförmigen, linearen Strukturen des „Monumental-Technischen" sahen erst die Vertreter des Kubismus und Futurismus als bahnbrechend sowohl für das zu Ende gehende 19. wie auch bald beginnende 20. Jahrhundert an. Aber auch die Künstler versöhnten sich mit diesem Bauwerk aus. Apollinaire verglich den Turm in einem Gedicht poetisch mit einer Schäferin, die über die grasende Herde der Seine-Brücke wacht.

Um den Eiffelturm, Symbol des sich im letzten Viertel des vorletzten Jahrhunderts entwickelnden „Flussstahlzeitlters", und seinen Bauherren richtig kennen zu lernen, sollten sowohl seine drei Plattformen besucht wie auch zum vollständigen Erleben eine Führung genutzt werden. Außerdem können Interessenten sich in einem Kino im Turminneren Filme über den Bau und die Geschichte des Eiffelturms ansehen.

Auf der ersten 40.200 Quadratmeter großen Plattform und durch die sachkundigen Eiffelturmhostessen ist der überwiegendste Teil zur Geschichte des Eiffelturms und Eiffel zu erfahren, nämlich, dass Alexandre Gustave Eiffel am 15. Dezember 1832 in Dijon geboren wurde und am 28. Dezember 1923 in Paris verstarb.

Nach Schulbesuch in Bakkalaureat absolvierte er eine Ingenieurausbildung an der École Centrale des Arts et Manufactures in Paris und diplomierte zunächst im Spezialfach Chemie. Im Jahre 1855 trat er in die Praxis. Ein Volontariat in einer Eisenhütte bei Dijon, die sich auf den Bau von Eisenbahnstrecken spezialisiert hatte, sowie seine Tätigkeit von 1857 bis 1864 als Ingenieur der Gesellschaft der französischen Westeisenbahn weckten in ihm das Interesse an Ingenieurarbeiten im Eisenbau. Auf diesem Gebiet entfaltete er eine ungemein fruchtbare Tätigkeit. Bereits 1858 bis 1860 baute Eiffel die große Eisenbahnbrücke, eine 504 Meter lange Fachwerkbrücke, deren Fachwerkträger aus Schmiedeeisen und die Pfeiler aus Gusseisen waren, über die Garonne bei Bordeaux, bei deren Gründung er als einer der ersten Druckluft verwendete.

Sein eigenes Ingenieurbüro eröffnete er 1866 nach seinen von 1864 bis 1866 an der Baustelle des Suezkanals gewonnen Erfahrungen, welches sich auf Metallkonstruktionen im Besonderen auf Brücken spezialisiert hatte. Hier beschäftigte er sich auch mit dem Problem des bei Eisenbauten anzunehmenden Elastizitätskoeffizienten, die bei Arbeiten für die Pariser Weltausstellung 1867 auch eine gute praktische Bestätigung erhielten, dem Bau der Maschinenhalle für die erste Pariser Weltausstellung.

Im selben Jahr gründete Eiffel seine eigene Firma, die „Société de Constructions de Levallois-Perret" bei Paris. Die Société Eiffel galt bald als Spezialunternehmen für große Eisenkonstruktionen, aus der Eisenbauten von bisher nicht gekannter Größe für alle Erdteile hervorgingen. Nennenswerte Entwürfe und der Bau von Brücken erfolgten für Frankreich, Spanien, Österreich, Rumänien, Ägypten, Peru und Bolivien.

So baute sein Unternehmen zwischen 1867 und 1869 zwischen Gannat und Coommentry bei Vichy in Frankreich vier Eisenbahnviadukte aus Stahl, wovon die größeren Brücken das Rouzat-Viadukt, eine Fachwerk-Eisenbahnbrücke mit einer Gesamtlänge von 180,60 Meter, und das Neuvial-Viadukt, ebenfalls eine Fachwerk-Eisenbahnbrücke mit einer Gesamtlänge von 160,25 Meter, sind. Des Weiteren entwarf er auch zwei Bogenbrücken, die die längsten gespannten Brückenbauten jener Zeit waren.

Erstere war die 1877 entstandene Pia Maria Brücke über den Fluss Douro nahe bei Porto in Portugal. Kennzeichnend für sie ist ihr 160 Meter langer stetig steigender Stahlbogen, der an seinem höchsten Punkt 44 Meter über dem Fluss liegt.

Zweitere ist das 1881 bis 1884 gebaute, 564,69 Meter lange und 3.249 Tonnen schwere aus Schmiedeeisen bestehende Garabit-Viadukt über die Truyére nahe bei Saint-Flour in Frankreich, die mit einer Hauptspannweite von 165 Meter und der Höhe von 122 Meter für lange Zeit die höchste Brücke der Welt war. Ihr Bau entstand aus 3169 Tonnen Eisen, Stahl, 23 Tonnen Gusseisen, 15 Tonnen Blei und 20.370 Kubikmeter Beton.

Als größere Brückenbauten kommen hinzu die Stahlbrücken bei Szegedin. Seine großen Erfahrungen aus dem Brückenbau setzte er auch um bei den Konstruktionen für den Staatsbahnhof in Budapest, den Hallen der Pariser Weltausstellung von 1878, die mit 84 Metern Weite bewegliche Kuppel des Observatoriums in Nizza, 1885 das 46 Meter Hohe stählerne Skelett der Freiheitsstatue in New York, die Kuppel aus Stahl und Glas des Hotels Hermitage in Monte Carlo, 1876 die Glaskuppel für das erste Warenhaus aus Stahl und Glas, „Magasins an Bon Marché", in Paris sowie die vielerorts gebauten Gasanstalten.

Bezeichnend für Eiffels Firma war, dass bei ihr auch vorgefertigte Eisenbrücken nach Katalog bestellt werden konnten. Dies begründete sich insbesondere darin, dass er und seine Firma nicht nur geniale Konstruktionen hervorbrachten, sondern Eiffel auch ein sehr guter Organisator war. Dadurch war seine Mitarbeit bei vielen großen Bauprojekten damals gefragt. Der Auftrag von zehn Schleusen für den Panamakanal aus dem Jahr 1890 drückt dies nachhaltig aus.

Um anlässlich der Weltausstellung 1889 das gestiegene Selbstbewusstsein der französischen Nation und ihrer Wirtschaft der Welt zu demonstrieren, wurde der Bau eines Metallturms beschlossen. Gepaart durch seine futuristischen Konstruktions-arbeiten mit seiner Fähigkeit, komplexe Organisationsstrukturen in der Baulogistik zu errichten und die richtigen Mitarbeiter an den erfolgsversprechenden Bauprojekten zu engagieren und zu motivieren, sprachen stets für den begabten Konstrukteur, Baumeister und Unternehmer Eiffel bei den Projektvergaben.

Sein Bekanntheitsgrad resultierte weiterhin daraus, dass er und sein Unternehmen stets in der Lage waren, ihre Bauten im Zeitablauf bis auf die Stunde genau zu untergliedern sowie alle Vorfertigungen, Zulieferungen, Transporte und Montagearbeiten exakt festzulegen. Hierdurch gilt Eiffel auch als Nestor des Netzplanes.

Das berühmteste Werk von Alexandre Gustave Eiffel ist der kühne Bau des nach ihm benannten Turmes auf dem Marsfeld in Paris für die Weltausstellung von 1889.

Grundlage für diese Konstruktion bildete ein Brückenbauprojekt von Eiffel aus dem Jahre 1885, als er eine Metallbrücke errichten wollte, deren Pfeiler bei einer Basisbreite von 42,6 Meter eine Höhe von 121,9 Meter haben sollten. Er errechnete die maximale Höhe der Brückenpfeiler, wo bei es sich zeigte, dass neben dem Eigengewicht die Windbelastung die Brückenhöhe bei 300 Meter begrenzt. Ge stützt auf diese Berechnungen stellte Eiffel sich das Ziel, für die Pariser Weltausstellung von 1889 einen Stahlgitterturm von 1.000 Fuß Höhe zu bauen.

Die Ingenieure Maurice Koechlin und Emile Nougier sowie der Architekt Stephen Sauvestre entwarfen den Turm. Im Jahre 1886 wurde der Wettbewerb für das Wahrzeichen zur Weltausstellung ausgeschrieben, den Eiffel, Koechlin und Nougier aus

700 eingereichten Ideen, wovon 17 nur als ernst hafte Entwürfe anzusehen waren, gewannen. Von seinen Mitarbeitern kaufte Eiffel das Patent des Turmes ab. Anschließend setzte Eiffel den Plan beim Organisationskomitee der Ausstellung durch. 1887 entstand ein Vertrag zwischen ihm und den Behörden, der die Finanzierung des Turmes und die Nutzungsrechte bis 1910 fixierte.

Die Finanzierung des Projektes in Höhe von 8 Millionen France erfolgte allein durch Eiffel mittels Aktien, den so genannten Gründeranteilen, und einen staatlichen Zuschuss von 1,5 Millionen Francs. Am 28. Januar 1887 wurde der Bau auf dem Chemp-de-Mars begonnen. Der Bau dauerte zwei Jahre, zwei Monate und zwei Tage. Dieser konzipierte Fertigstellungstermin konnte trotz dreier Streiks, die Eiffel stets schlichten konnte, ohne Schwierigkeiten gehalten werden.

Zur offiziellen Einweihung am 31. März 1889 ersteigt Gustave Alexandre Eiffel die 1710 Stufen des Turmes, denn der Fahrstuhl war noch nicht fertig, und er hisste persönlich die französische Flagge auf seinem Jahrhundertbauwerk. Nachdem Eiffel die Trikolore auf der Turmspitze gehisst hatte, schickte der Premierminister, der unterwegs ermattet kehrt gemacht hatte, den Handelsminister, um G. A. Eiffel in 300 Meter Höhe das Kreuz der Ehrenlegion anzuheften. Damit war das imposanteste Bauwerk für die am 6. Mai 1889 zu eröffnende Weltausstellung vollendet.

Auch für das gewählte Liftsystem für den Turm zeichnete Eiffel mit verantwortlich. Er hat dies seinerzeit bei seinem Freund Edoux entwickeln lassen. Kennzeichnend dieser damaligen hydraulisch getriebenen Aufzüge war, dass die beiden Kabinen durch ein Kabel miteinander verbunden waren, welches auf der oberen Etage über eine Rolle lief. Damit war gesichert, dass immer eine Kabine unten und eine oben war. Dadurch konnten ständig Personen aufwärts und abwärts befördert werden. Vorteilhaft an dieser technischen Konstruktion war, dass fast nur der Reibungswiderstand zu überwinden war. Gelöst wurde dies durch Wasserkraft. Für den Antrieb nutzten Eiffel und Edoux die Fallkraft des Wassers, das aus einem 20.000-Liter-Behälter auf der oberen Plattform durch Rohre in einen Auffangbehälter auf der unteren Plattform strömte. Von dort aus wurde das Wasser wieder in den oberen Tank zurückgepumpt. Nachteilig war, dass wegen der Einfriergefahr des Wassers die obere Plattform des Eiffelturmes von November bis März geschlossen bleiben musste.

Eiffels Bau konnte nur durch die Entwicklungen auf dem Gebiet der Walztechnik und der Montagetechnologien realisiert werden. Für seinen Bau standen nun auch T- und Doppel-T-Träger zur Verfügung. Dampfstanzen und Nietmaschinen ermöglichten ihm es, Konstruktionselemente in seinem Werk zusammenzusetzen. Mit Hilfe der Eisenbahn wurde der Transport gelöst. So konnten auch die großen Konstruktionsteile zu den Bauplätzen am entstehenden Turm transportiert werden.

Dampfkrane erstmals mit Stahltrossen hoben diese Elemente an ihren Bestimmungsort, wo sie mit Hand vernietet wurden. Allein zwanzig Nietkolonnen, die sich die glühenden Niete zuwarfen, arbeiteten täglich zehn bis zwölf Stunden wie Akrobaten in schwindelnder Höhe. Insgesamt mussten für die Montage 7.000.000 Nietlöcher gebohrt und 2.500.000 Niete, davon etwa 800.000 Niete auf der Baustelle, geschlagen werden. Eiffel war auch der erste, der für einen solchen gewaltigen Turmbau keine Einrüstung verwendete, sondern im Gleitverfahren den Baufortschritt erzielte.

An den Berechnungen der 18.038 verschiedenen Teile und 1.700 Gesamtplänen des Turmes hatten in den Planungsbüros von Eiffel in Levallois-Perret 40 Fachleute gearbeitet. Dadurch, dass in der Fabrik von Eiffel Bauteile vorgefertigt wurden, brauchten maximal nur bis zu 250 Arbeitskräfte für den Turmbau eingesetzt werden. Sowohl die Bauteilevorfertigung wie auch die Passgenauigkeit aller Teile und eingebrachten Nietlöcher wirkten sich vorteilhaft auf den stetigen Baufortschritt aus. Nennenswerte Nacharbeiten gab es beim Montieren vor Ort nicht.

Der Turm, der am Grund eine Fläche von rund 16.698 Quadratmeter überspannt, ruht auf vier geschwungenen Metallfüßen. Diese haben eine solche Krümmung, dass sie den Seitendruck des Windes durch ihre gegenseitige Unterstützung und ohne zusätzliche Verbindung abhalten. Die Konstruktion in Form einer schlanken Metallpyramide ermöglichte Eiffel, seinen Turm doppelt so hoch als die Cheopspyramide und mit nur halb so großen Seitenlängen auszulegen.

Das herausragende an der Auslegung des Baus ist, dass an jeder Stelle des Eiffelturmes das Gewichtsmoment des über dem jeweiligen Punkt liegenden Teiles des Turmes bis zur Spitze, dem Moment des stärksten Windes in diesem Bereich entspricht. Die gewaltige Masse von 7.500 Tonnen, wovon rund 500 Tonnen Einbauten sind, des

Bauwerkes wird von vier mächtigen Fundamenten getragen. Sie sind so bemessen, dass nur ein Druck von 40 Newton pro Quadratzentimeter auf sie ausgeübt wird, was in etwa einer Gewichtskraft entspricht, die ein Erwachsener auf den Boden überträgt, wenn er auf einem Stuhl sitzt.

Unterschiedliche Gewichtsangaben des Turmes sind Folge der Sanierung.

Für die Fundamente mussten 38.973 Kubikmeter Erde ausgehoben und 13.893 Kubikmeter wieder aufgeschüttet werden. Die Fundamentierungen erfolgten in einem Boden aus Lehm und Kies, wobei zwei der vier Pfeiler im Überflutungsgebiet der Seine liegen. Somit mussten die der Seine zugewandten Pfeiler massiver als die der Seine abgewandten ausgelegt werden. Die Abmessungen den Süd- und Ostfundamente betragen 10 Meter x 6 Meter x 2 Meter und die der Nord und Westfundamente 15 Meter x 6 Meter x 6 Meter. Auf diese Stahlbetonfundamente wurden insgesamt 12.000 Kubikmeter Ziegel gemauert, welche als Widerlager dienen. Sie enthalten sowohl die Verankerung wie auch die Stützschuhe.

Beim Errichten diesen Giganten wurden von Eiffel zum ersten Mal auch technische Neuheiten eingeführt. Zum Beispiel wurden ab einer Höhe von 15 Meter die Turmteile mit Hilfe von vier 12-Tonnen-Dampfschwenkkränen hochgezogen und montiert. Ab einer Bauhöhe von 30 Meter wurden pro Pfeiler drei Gerüste angebracht, wobei zur Horizontzierung Sandkästen und hydraulische Pressen dienten.

Ab 55 Meter wurden dem Turmbau angepasste Gerüste für die Quermontage eingesetzt. Nämlich, erst nach der Verbindung der Querträger und der Pfeiler erhielt der Eiffelturm seine eigentliche Systemstabilität. Damit war auch die Grundlage für die erste in 57,63 Meter Höhe befindliche Plattform gelegt. Eiffel richtete auf der ersten Plattform eine Kantine für die Arbeiter zur Pausenversorgung und Reaktivierung für die weiteren körperlich anstrengenden Vorstreckarbeiten ein.
Die Montage der Turmkonstruktion erfolgte bis zur zweiten in 115,73 Meter Höhe befindlichen Plattform im Freivorbau. Von da an und bis in die Höhe der dritten in 276 Meter Höhe integrierten Plattform wurde das Montagesystem, da keine geeigneten Kranlaufbahnen mehr zur Verfügung standen, geändert. Eiffel ließ jetzt die Krane an

der senkrechten Stütze, welche die Aufzüge bildeten, befestigen, so hielten sie sich gegenseitig im Gleichgewicht und setzten sich auch selbst um.

Die Montage des Turmes war am 30. März 1889 vollendet. Die leichte, winddurchlässige Auslegung des Turmes, seine aerodynamische Form stellten 1889 den Höhepunkt des Eisenbaues dar.

In den ersten Jahren hatte der Eiffelturm keinerlei praktische Bedeutung.

Nach Ablauf Eiffels Nutzungsgenehmigung, sollte der Eiffelturm eigentlich wieder abgerissen werden. Eiffel selbst nutzte ihn nun zum Experimentieren. So erzielte er 1910 unter Nutzung des Turmes bemerkenswerte Resultate zur Bestimmung des Windwiderstandes an einer flachen Scheibe. Auch General Ferrie benutzte ihn bereits im Jahre 1903 für seine Experimente auf dem Gebiet der drahtlosen Telegraphie. Dadurch und als sich wegen seiner Höhe er sich als wertvoll insbesondere für die militärische Kommunikation herausstellte sowie die ersten transatlantischen Funkverbindungen des neuen 20. Jahrhunderts ermöglichte, durfte er stehen bleiben.

Mit der Entwicklung der Rundfunk- und Fernsehtechnik konnte er sehr gut als Antenne genutzt werden. Von der Spitze des Eiffelturms wurden 1898 die erste Funksendung und im Jahre 1921 die erste Radioübertragung ausgestrahlt. Als Telegraphensendestation hatte er eine Sendeweite bis weit über 3.000 Kilometer.

Bei Windeinwirkungen von bis zu 50 Metern pro Sekunde schwankt der Turm an der Spitze nicht mehr als 15 bis 20 Zentimeter. Seine Höhe kann abhängig von der Außentemperatur um 15 Zentimetern variieren. In der obersten Plattform des Turmes befindet sich ein Wetterdienst sowie eine Flugleitstelle. Für die Flugsicherheit befand sich bis 1975 in der Spitze des Turmes ein rotierendes Flutlicht, welches dann durch ein fixes rotes Licht ersetzt wurde.

Von der obersten 350 Quadratmeter großen Plattform kann man bei gutem Wetter bis zu 70 Kilometer über Paris, seine Vororte und die Ile-de-France sehen. Auf dieser Ebene befindet sich auch ein kleines Apartment und physikalisches Labor, welches sich Eiffel einrichten ließ. Durch eine Glasscheibe kann in dies hineingesehen werden. Die

Besucher dieser Plattform haben die Möglichkeit, den ehemaligen Hausherren als Wachsfigur bewundern, wie er im Gespräch vertieft ist mit dem amerikanischen Erfinder Thomas Edison. Er soll zu jener Zeit auch wirklich sein Gast gewesen sein.

Im Innersten dieser Plattform gibt es auch kleine Souvernierstände. Aufzüge für den Personen- und Warentransport gibt es in jedem der vier Pfeiler, welche nur für den Bereich zwischen Boden und zweiter Plattform zuständig sind. Zwischen dieser Plattform und der dritten liegt der größte Abstand zweier Ebenen, hier muss auf halbem Weg umgestiegen werden. Alle eingebauten Aufzüge funktionieren nach einem hydraulischen Prinzip. Von der mittleren 1.400 Quadratkilometer großen Plattform in 115 Meter Höhe lässt sich das großartige Panorama von Paris am besten studieren. Ein Erlebnis ist es, bei klaren Tagen eine Stunde vor Sonnenuntergang die Betrachtungen vorzunehmen, da zu diesem Zeitpunkt sich alle Monumente mit bestechender Klarheit abheben.

Im Mittelteil dieser Plattform befindet sich eines der bekanntesten, renommierten und überaus gut besuchten Luxusrestaurants von Paris, das „Jules Verne", welches jetzt vier eigene elektrische Aufzüge besitzt. Des Weiteren ist in dem Turm ein Postamt, in dem Sondermarken erworben werden können.

Für die sogenannte „eiserne Gesundheit" des nun 115 Jahre alten Eiffelturms wird seit seiner Fertigstellung für die Unterhaltung, vor allem dem Rostschutz, alle vier Jahre viel getan. Erhalten wird er, indem er alle sieben Jahre über ein viertel Jahr eine Metalloberflächenreinigung und Farbkonservierung erhält, wo erforderliche Stellen entrostet, geprüft und gestrichen werden. Für den graubraunen Gesamtanstrich, der aus Gründen des optischen Eindrucks nach oben zu heller gehalten wird, dazu werden jedes Mal von 40 Malern rund 40 bis zum Teil 56 Tonnen Farbe benötigt.

1989 gab es sogar Überlegungen, ihn in den Farben der Tricolore zu streichen.

Da dafür keine Lobby zustande kam, wurde relativ schnell wieder von diesem Gedanken abgegangen. Mit dem damals mit über 300 Meter höchsten Turm der Welt wurde zur Weltausstellung 1889 ein Symbol des technischen Fortschrittes errichtet. Von insgesamt 1.953.122 Personen wurde es während der Ausstellung Seite besucht.

Die Besucher hatten und haben die Möglichkeit in integrierten Restaurants sich sowohl von den Anstrengungen einer Führung, des individuellen Besichtigens, dem Einfangen des einzigartigen Panoramas, dem Nachvollzug der Geschichte des „Tour Eiffel" selbst zu reaktivieren für ein gemütliches Zurück auf die Basisfläche des ehemaligen Eingangstores der 4. Pariser Weltausstellung 1889, der insgesamt 9. Weltausstellung seit 1851.

Für die Ausführung des Projektes hatte Eiffel acht Millionen France Baukosten kalkuliert, abgerechnet wurden von ihm 7.799.401,31 France. Er blieb damit im Rahmen der vorgenommenen Kalkulation. Dies zeugt davon, dass Eiffel nicht nur ein genialer Ingenieur, sondern auch ein ausgezeichneter Betriebswirtschaler war. Durch das enorme Interesse an dem neuen Turm, im ersten Jahr nach den Fertigstellung waren es 1,89 Millionen Besucher, hatte sich der Eiffelturm für die Aktionäre der Eiffelturmgesellschaft bereits nach einem Jahr amortisiert.

Auch die aus Eiffels Unternehmen stammende mustergültige Fertigungs-, Transport- und Montagelogistik sorgte dafür, dass während der gesamten Bauphase keine nennenswerten Verletzungen auftraten und schwere Unfälle ausgeschaltet werden konnten. Leider passierte ein tödlicher Unfall, der aber erst nach der Einweihung zu beklagen ist.

Als sich die Wogen über die Unsinnigkeit des Eiffelturms geglättet hatten, gab es nicht Wenige, die seine Modernität und die Poesie der filigranen Konstruktion erkannten. Vertretend für die Nun-Befürworter des Turmes seien genannt: Delaunay, Urillo, Dufy, Signac, Chagall, Apollinaire, Cocteau und Cendrars. Für Robert Delaunay wurde der Eiffelturm zur „stählernen Muse" und machte ihn in den Jahren 1910 und 1991 zum Gegenstand einer Serie von Gemälden.

An den Erbauer des Eiffelturms erinnert eine Büste, welche unten am „Tour Eiffel" betrachten kann. Im Jahre 1890 zog sich Eiffel aus seinem Unternehmen zurück. Unter seiner Leitung wurden Arbeiten im Werte von 140 Millionen France ausgeführt.

So wurde ihm auch beim Bau des Panamakanals im Jahre 1887 der Auftrag für den Bau von zehn Schleusen übertragen. Er geriet in den Strudel der Finanzaffäre um den Kanalbau, wurde verurteilt, dann aber wieder vom Kassationshof rehabilitiert.

Nach der Umwandlung seiner Firma in eine Aktiengesellschaft beschäftigte sich Gustave Alexandre Eiffel mit wissenschaftlichen Arbeiten über die Meteorologie und Windmessungen im vom ihm gebauten Windkanal. Mit seinen erzielten beinbrechenden Ergebnissen zählt es auch zu den Mitbegründern der aerodynamischen Wissenschaft. Seine Ergebnisse dienten vor allem dem Brückenbau und der sich entwickelnden Luftfahrt.

Mit einer Vielzahl von vom Eiffelturm aus unternommenen Experimenten zu den Fallgesetzen wollte Eiffel auch auf diesem Wege die Existenz seines Turms dauerhaft sichern. Um den Nutzen des Turms auch für die Allgemeinheit deutlich zu machen, verhandelte er auch mit dem französischen Militär, eine Versuchsstation für Funktelegraphie einzurichten. Er hatte Erfolg. Sein Angebot wurde angenommen, zumal Eiffel dafür auch noch die Kosten trug.

Die besondere strategische Bedeutung des Eiffelturms für Frankreich war, das Frankreich das einzige kriegsführende Land war, welches im ersten Weltkrieg damit Funksprüche über mehr als 6.000 Kilometer schicken konnte. Im zweiten Weltkrieg hatte der Eiffelturm bange Zeiten zu überstehen, denn 1944 stand auch er auf der Liste der Pariser Denkmäler und Bauten, die zu sprengen Hitler dem Stadtkommandanten General von Choltitz befohlen hatte. Beherzte Militärs konnten dies glücklicherweise herauszögern und verhindern.

Beim nächtlichen Abflug und bei guter Wetterlage ist sein Anblick, Ausdruck für Dynamik und Schwindel erregender Höhe, genauso ein erhebendes Erlebnis, wie es am Tage wahrgenommen wird. Dieses Zeitzeugnis, welches Eiffel 300-Meter-Turm nannte, verschwindet erst nach mehreren Flugminuten. Von den Pariser Kritikern damals als „Eiffelturm" kreiert, trägt seitdem diesen Namen.

Der Standort des „Tour Eiffel" am Marsfeld hatte nicht nur zur vierten Pariser Weltausstellung 1889 große Bedeutung erlangt, sondern er wurde auch zu den weiteren in den Jahren 1867, 1878, 1900 und 1937 in Paris stattgefundenen Expositionen. So wurde er stets sowohl von unten wie auch von oben, aber auch im Inneren bewundert.

Im Jahre 1964 wurde der Eiffelturm am Camps de Mars zum Kulturdenkmal erklärt und somit für alle Zeit vor einem Abriss bewahrt.

Besondere Attraktivität bietet ein spezifisch angestrahlter sowie be- und ausgeleuchteter Eiffelturm. So waren es in den 20er Jahren 280 000 Glühbirnen, die ihn als Werbeträger für Citroen über einige Jahre hinweg leuchten ließen. Da erstrahlte der gesamte Turm in seiner Höhe jährlich in verschiedenen Motiven.

Nach einer relativ großen zeitlichen Pause wurde erst wieder zur Jahrtausendwende die Lichtnutzung wieder ein Thema, nämlich Frankreichs Symbol im Lichterglanz und mit Lichteffekten zu erleben. Also wurde er vom 2. zum 3. Jahrtausend mit blitzendem Licht und starken Scheinwerfern illuminiert. Es diente im Jahre 2000 jeden Abend für eine Lichtshow und der Turm wurde zum Leuchtfeuer am nächtlichen Pariser Himmel.

Da die verwendeten Leuchten sich nicht für eine längere Belastung eigneten, mussten sie alle im Jahre 2001 leider wieder abgeschaltet und demontiert werden. Dies bedeutete aber keinesfalls ein Aus für eine stilvolle, bewundernswerte Eiffelturmbeleuchtung. Mit 20.000 Hochleistungslampen, die von einer Hamburger Spezialfirma installierten und angeschaltet wurden, erstrahlt der Eiffelturm seit dem 22. Juni 2003 wieder im neuen Licht, die ihn in ein gleißendes Funkeln hüllten. Dieses nächtliche Spektakel soll nun jeweils für zehn Minuten zu Ende jeder vollen Stunde stattfinden. Vorgesehen ist, dass je nach Saison die Lichter bis 02.00 Uhr beziehungsweise bis 01.00 Uhr funkeln.

Damit bekam das wohl schönste Architekturbeispiel in der ganzen Welt ein weiteres anziehendes Element.

Obiger Beitrag für wurde für das Buch „Collection Deutscher Erzähler, Band 3, R. G. Fischer Verlag, mit dem Beitrag: „Erinnerungen an den 170. Geburtstag von Alexandre Gustave Eiffel und den Bau des Eiffelturms vor 115 Jahren" erarbeitet und 2004 veröffentlicht (S. 351/58).

Vita - Dr. Wolfgang Piersig

Jahrgang 1944. 1961-1964 Studium in der Fachrichtung Kohleveredlung, anschließend Studium als Werkstofftechniker an der TH K.-M.-St. (jetzt TU Chemnitz), Sektion Chemie und Werkstofftechnik, Lehrstuhl Werkstofftechnik, Diplomierung 1972 und Promotion 1979 zum Dr.-Ing. Und 1984-1988 Zusatzstudium an der TU Dresden auf dem Gebiet der Technikwissenschaften.